"畅游厦门园林植物园"丛书

厦门园林植物园
姜目植物区

丛书主编　张万旗　梁育勤
本书主编　张万旗　王金英

海峡出版发行集团 | 鹭江出版社
THE STRAITS PUBLISHING & DISTRIBUTING GROUP
2023年·厦门

图书在版编目（CIP）数据

厦门园林植物园姜目植物区 / 张万旗，王金英主编
. -- 厦门 : 鹭江出版社，2023.11
（“畅游厦门园林植物园”丛书 / 张万旗，梁育勤
主编）
ISBN 978-7-5459-2127-4

Ⅰ. ①厦… Ⅱ. ①张… ②王… Ⅲ. ①植物园—姜科
—植物—介绍—厦门 Ⅳ. ① Q949.71

中国国家版本馆 CIP 数据核字（2023）第 199655 号

“畅游厦门园林植物园”丛书
XIAMEN YUANLIN ZHIWUYUAN JIANGMU ZHIWU QU
厦门园林植物园姜目植物区
丛书主编　张万旗　梁育勤　　本书主编　张万旗　王金英

出版发行：鹭江出版社
地　　址：厦门市湖明路 22 号　　邮政编码：361004
印　　刷：厦门金明杰科技发展有限公司
地　　址：厦门市同安区新民镇集祥西路 2 号 1-2 层　　联系电话：0592-5987091
开　　本：787mm×1092mm　1/16
印　　张：8.5
字　　数：114 千字
版　　次：2023 年 11 月第 1 版　　2023 年 11 月第 1 次印刷
书　　号：ISBN 978-7-5459-2127-4
定　　价：68.00 元

《厦门园林植物园姜目植物区》编写组

编　写（以姓氏拼音为序）：

蔡长福　陈盈莉　梁育勤　王金英　魏道劲

徐晓咪　张万旗　庄晓琳

摄　影（以姓氏拼音为序）：

陈　琳　陈永健　赖楚悦　王金英

绘　图：林子彦

序

厦门市园林植物园始建于1960年，是福建省第一个植物园。60多年来，厦门市园林植物园以热带、亚热带植物为主，从世界各地引种、栽培了8600多种（含种下单位及品种）植物，建设了15个专类园区，成为自然景观优美，生态环境优良，人文资源丰富，集科研、科普、旅游、生态保护和城市园林示范等功能于一体的国内知名植物园。

作为“中国生物多样性保护示范基地”，厦门市园林植物园的科研工作取得了丰硕的成果，尤其是多肉植物、棕榈植物和三角梅等的栽培与应用，在业界一直享有盛誉。

作为“全国科普教育基地”，厦门市园林植物园开展了内容丰富、形式多样的科普教育工作，开发了多个主题鲜活，兼具科学性与趣味性的科普活动品牌，组建了一支高素质的科普志愿者团队……可以说，厦门市园林植物园为丰富城市文化生活，促进科学普及推广，提升公众科学素质作出了可贵的探索，也取得了有目共睹的成绩。

组织编写“畅游厦门园林植物园”丛书，是厦门市园林植物园普及科学知识，提升公众科学素养的一个举措。这是一套以介绍植物科学和文化为核心内容，将自然科学知识和人文知识合二为一，兼具科普和导览功能的图书。因此，这套丛书既是介绍厦门市园林植物园内现有植物的科普读物，又是解读各专类园区的导览手册。对热爱自然，喜欢植物的人来说，它就像是开启植物宝库的一把钥匙，让人们见识到植物世界的瑰丽与神奇。

期待丛书早日付梓！

陈梓生

2022 年 5 月 8 日

前　言

始建于1960年的厦门市园林植物园，是国内少有的建于城市中心区的植物园，也是国家首批AAAA级旅游区、鼓浪屿—万石山国家级重点风景名胜区的重要组成部分。作为一家集自然景观、人文景观、植物造景于一体，在国内享有盛誉的植物园，厦门市园林植物园既是本地市民十分喜爱的户外休闲活动场所，也是省内外许多旅游团“钦定”的景点，更是小红书、马蜂窝、携程等各大热门App推荐的厦门网红打卡点，每年的游客量高达数百万人次。

厦门市园林植物园建园60多年来，从世界各地引进栽培植物8600多种（含种下单位及品种），栽植在各个专类植物区里，建成了多个景观优美、科学内涵丰富的专类园区。园区内的每一棵植物都有着自己的故事，有的远渡重洋，在厦门安家落户；有的见证了厦门市园林植物园的某个重要时刻；有的代表了特定的植物文化；有的展示了植物的特殊行为；有的则体现了植物的智慧……

为了把厦门市园林植物园各大专类园的建设创意，以及专类园里栽培的新奇有趣的植物介绍给广大游客，实现植物园的教育功能，提升游客的游览体验，我们策划了“畅游厦门园林植物园”丛书。丛书以厦门市园林植物园的专类园区为切入点，以图文并茂的形式，向读者介绍各个专类园区的主要历史人文景观、自然景观以及特色植物，着重介绍植物科学知识和植物文化知识。植物科学部分介绍植物的中文名、学名、科名，以及对该植物的形态描述等，其中，被子植物的科名采用被子植物系统发育研究组系统（APG Ⅳ），裸子植物的科名采用克里斯滕许斯裸子植物系统，蕨类植物采用蕨类植物系统发育研究组系统（PPG Ⅰ）；植物文化部分主要介绍该植物与厦门市园林植物园之间的小故事、植物趣味科学知识、植物的文化内涵等。值得一提的是，本丛书相当于厦门市园林植物园各专类园区的自助导览手册，每一分册都为所介绍的专类园区制作了一张手绘导览图，沿着最佳游览路线，按顺序为读者标注书中所介绍的植物。读者手执图书，就可以按图索骥在园区里找到相应的景点、植物，从而加深对景物的认知，在寻找、学习的过程中增强热爱植物、热爱自然、保护自然的意识，进而推动全社会生态文明建设共识的形成。

本丛书的编撰在编委会全体成员的鼎力支持下完成，同时得到了厦门市园林植物园创始人陈榕生先生、厦门市园林植物园原副总工程师陈恒彬老师的指导，以及李振基、顾垒、史军、王康四位植物科普专家的审校，厦门市教科院中学生物教学研究前辈魏道劲老师也为每个专类园区作词，在此深表谢意！

莺啼序·花海放歌

——厦门市园林植物园礼赞

魏道劲

嘉禾鹭乡宝地，构园林乐土。
六十载、地覆天翻，历经多少烟雨。
如今是、蜚声世界，名闻植物基因库。
已然成，科普景区，观光门户。

遥想当年，艰难创业，恁含辛茹苦。
莽丛岭、万笏千岩，开山平坡修路。
广搜罗、八方引种，众花草、精心培护。
绘蓝图，规划区分，殚精谋虑。

背依五老，俯瞰九龙，双溪长流注。
看漫岭、树连天界，翠溢石湖，古刹钟鸣，百卉香吐。
棕榈篁竹，松杉多肉，琳琅专类添奇趣，课题研、驯化臻新誉。
珍稀育保，自然兼具人文，游客留连朝暮。

前驱慧眼，后继倾情，更献身接续。
莫能忘、英才睿识，远瞩高瞻，政府支持，侨胞鼎助。
椰风海韵，南疆生色，蔚然绿肺岛城出，上层楼、再把辉煌谱。
输诚礼赞词吟，胜友相招，共偕欢旅。

风流子·姜目植物区撷珍

魏道劲

琪园萦薮泽，同类聚，盈目尽妖娆。
乃八科荟萃，梢长鞘叠；群芳倜傥，果蒴花娇。
根茎匿，萼苞常叶混，蕊瓣辄形淆。
红瘦绿肥，汀丛水挺；雨疏风骤，草秆青摇。

步移循沟谷，抬望眼、南国景色魂销。
浏览百奇千怪，率性游遨。
看金鸟序垂，伴携留影；黄姜卉舞，赏玩欢招。
多少物华幽秘，待等搜淘。

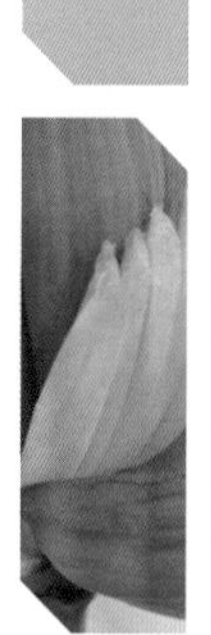

目 录

万笏朝天

厦门市园林植物园概况

厦门市园林植物园始建于 1960 年，俗称厦门植物园、万石植物园，是鼓浪屿—万石山国家级重点风景名胜区的重要组成部分、首批国家 AAAA 级旅游区（点），也是福建省第一个植物园。园内汇集了植物造景、自然奇观和人文胜景三大特色景观，是闽南地区久负盛名的旅游观光胜地，也是国内知名植物园之一。与国内众多植物园相比，厦门市园林植物园有着独特、丰富的自然景观和历史人文景观，且紧邻市中心，这一优势和特点为其他植物园所罕见。厦门市园林植物园植物景观丰富多彩，自然景观优美，生态环境良好，科学内涵丰富，是一个集植物物种保存、科学研究、科普教育、开发应用、生态保护、旅游服务和园林工程等多功能于一体的综合性植物园，是进行植物学相关研究的重要场所和基地，也是以植物学知识为主的科普园地，拥有“全国科普教育基地”“中国生物多样性保护示范基地”“福建省首批科普旅

太平石笑

游定点单位”等称号。

一、自然条件

厦门市园林植物园位于厦门岛南部的万石山上，园内山峦起伏，奇岩趣石遍布，山岩景观独特，摩崖石刻众多，涵盖山、洞、岩、寺等景观，拥有“万石涵翠”“太平石笑”“天界晓钟”“万笏朝天”“高读琴洞”等诸多厦门名景，郑成功杀郑联处、郑成功读书处、澎湖阵亡将士台、樵溪桥等省、市级文物保护单位，以及天界寺、万石莲寺、太平岩寺等闽南名寺，是风景名胜荟萃之地。

厦门市园林植物园内还有湖、溪、泉、涧等丰富的水资源，主要水体樵溪和水磨坑溪从东至西贯穿全园。源于五老峰北麓的樵溪蜿蜒曲折，流经紫云岩、百花厅，注入西北部的万石湖，而水磨坑溪则流

万石涵翠

象鼻峰

经太平岩寺、中岩寺、万石莲寺、蔷薇园，最后注入万石湖。位于园中心山顶位置的西山水库，也滋养着中部山水。园内另一重要水体是南部的东宅坑水库，它是厦门市园林植物园南门景区的重要组成部分。

厦门地处北回归线边缘，东濒大海，属南亚热带季风海洋性气候，冬无严寒，夏无酷暑，终年气候温暖，雨量适中，是进行植物引种栽培、种质资源保存、生物多样性保护和优良园林植物推广工作的重要基地。

良好的气候条件与丰富的水资源，为厦门市园林植物园的景观建设提供了得天独厚的条件。利用从世界各地引种来的众多热带、亚热带植物，厦门市园林植物园现已建成裸子植物区、南洋杉疏林草地、竹类植物区、雨林世界、药用植物区、藤本植物区、多肉植物区、奇趣植物区、棕榈植物区、姜目植物区、百花厅、山茶园、花卉园、市花三角梅园等多个专类园区。各个专类园区因地就势，合理配置各种

裸子植物区

百花厅

南洋杉疏林草地

棕榈植物区

雨林世界

多肉植物区

姜目植物区

花卉园

市花三角梅园

藤本植物区

奇趣植物区

蔷薇园

乔木、灌木、草本植物，结合山、水、石以及地形地貌，营造出一个极富生物、生态多样性，兼具公园外貌与科学内涵的园容园貌，致力于追求自然、古朴、野趣和“虽由人作，宛自天开”的意境。

二、历史沿革

20 世纪 50 ～ 60 年代，厦门响应国家号召，掀起一波又一波兴修水库的运动。1952 年，万石岩水库开始修建，汇樵溪、水磨坑溪于一湖，是一座以景观和绿化用水为主的小型水库。水库周边有一个由厦门市园林管理处管辖的苗圃，以及当时的“公园公社”管辖的一些个人花圃。后来由厦门市园林管理处统一收编，成立“厦门花圃”。“厦门花圃”以生产盆栽花卉为主，拥有一定数量的植物及栽培人员。

万石山紧邻市中心，交通便捷，区位优势明显，景色优美，适合兴建可供民众游憩休闲，且具植物科学研究功能的植物公园。1960 年，经当时的厦门市市长李文陵批准，以万石山上的“厦门花圃”为基础，开始初步划定园区，筹建植物公园，并从杭州、上海、广州等地引种植物。1961 年厦门派人驻广州考察并获取中山大学康乐植物园的植物名录一册，同时引回数百种植物，丰富了厦门的园林植物种类，并得到福建省林业厅与国家林业部的重视和支持，建立了“福建省厦门树木园”。1962 年，林业部副部长罗玉川访厦，对厦门树木园的工作极为重视和支持，委请北京林学院园林系专家李驹、孙筱祥、陈有民、陈兆麟等人，组成规划、设计专家组，设计勾画了园林植物园雏形，并开始有计划地进行热带植物的引种和建园工作。“文革”时期，厦门树木园一度处于混乱停顿状态，绿化建设遭受严重的破坏，建成区、引种圃的花草树木损失了 70% 以上。直到 1972 年以后才重整旗鼓，恢复引种驯化工作，并根据当时国家城市建设管理部门的意见，将园名定为“厦门园林植物园”。1981 年，著名作家茅盾先生题写了园名“厦门园林植物园”，后刻于西大门入口处。

1985 年 5 月，厦门市城乡建设委员会发文将园名改为“厦门市万石植物公园管理处”；1987 年 1 月，厦门市政府正式出文核发了总面积为 227 公顷的用地红线；1999 年 1 月，中共厦门市委机构编制委员会同意园名改为“厦门市园林植物园”；2005 年 8 月，厦门市政府正式出文将厦门市园林植物园的红线范围扩大至 493 公顷。

三、规划布局

1993 年，厦门市园林设计室与厦门市园林植物园共同编制了《厦门市园林植物园总体规划（1993—2012 年）》，同年通过了以陈俊愉院士为组长的评审专家组的技术鉴定，获得了充分肯定和高度评价，这是我国较早编制且较完善的植物园总体规划之一。

该规划综合考虑地貌特征和景观特色等要素，将全园分为万石景区、紫云景区和西山景区三个景区。其中，万石景区以湖光山色为依托，以争奇斗艳的热带植物和园林建筑为基调，糅合金石园（新碑林）、醉仙岩等摩崖石刻，以及宗教寺庙的自然、人文景观，并配套必要的旅游服务设施，以植物科普和游览观光为主要功能；紫云景区幽深雅静，从人工热带雨林景区开始，以水生植物区为主体，拓展藤本园、灌木园、鸣翠谷，并延伸到五老峰，创造良好的生态环境，其功能侧重于满足人们重返大自然的心理需求；西山景区坡缓地多，土层深厚，为全园土地条件最佳区域，以香花植物保健区、观光果园、花卉生产示范区为基础，重点建设大型温室群、荫棚区、引种驯化区等，以满足植物园引种驯化和科研科普、生产的要求，兼有度假、休息、疗养功能。每个景区都包括若干小区，秉承“保护环境、合理开发、永续利用”原则，以完善万石游览观光核心景区，改造紫云休闲景区，开发西山引种驯化和科研生产中心景区为目标，建设并完善各专类园及配套设施，努力建成国内一流、国际知名的南亚热带大型植物园。

该总体规划的修编，为景区的建设和开发指明方向，提供依据，在科学保护景区风景名胜和自然资源、抚育风景区生态环境、保护生物多样性、强化景区特色、提高风景区品牌形象等方面都发挥了积极作用。

四、作用与影响

厦门市园林植物园建园60多年以来，始终秉持、肩负物种保存、园林应用、科学研究、科普教育和生态旅游的初心、使命，以热带、亚热带植物为主，建成了自然景观优美，人文景观丰富，集科研、科普、旅游、生态保护及城市园林示范等功能为一体的综合性植物园，在国内外具有较高的知名度和影响力。

厦门市园林植物园是隶属城建系统的植物园，其重要作用之一是为城市园林和绿地建设服务，即通过引种、驯化，不断丰富观赏植物种类，通过植物景观和造园示范，为城市绿地建设提供借鉴，以及研究解决城市绿地建设中的具体难题。作为引种驯化和园林建设示范基地，厦门市园林植物园充分发挥了应有的作用，不仅在我国首次引种了著名食用香料植物香子兰以及新西兰麻等观赏和经济植物，在福建省首次引种成功并推广了优质、高产的栲胶植物——黑荆树，还引种成功并推广了棕榈科、南洋杉科、秋海棠科、凤梨科等园林观赏植物，选育出多个三角梅新品种，建成了国家棕榈植物保育中心、国家三角梅种质资源库。60多年来，厦门市园林植物园共引种栽培植物8600余种（含种下单位及品种），是国内植物物种多样性最丰富的植物园之一。厦门市园林植物园还承担了厦门市、福建省、国家科技部多个项目与平台的建设，许多研究成果达到国内领先、国际先进水平，为厦门市园林绿化水平的提升起到了积极作用，还多次代表厦门市或福建省参加国内外各种园林、园艺博览会展，屡获大奖，为厦门市赢得不少荣誉。

厦门市园林植物园作为国家级科普教育基地，充分发挥自身资源优势，挖掘科学内涵，开展具有植物园特色、形式多样、常态化的科普教育活动，并开创了多个科普活动品牌，丰富城市文化生活，促进

2007 年第六届中国（厦门）国际园林花卉博览会厦门园获室外展园大奖

2013 年第九届中国（北京）国际园林博览会福建园获室外展园综合奖大奖

科学普及推广，为提升公众科学素质作出贡献，取得了良好的社会影响。园内还曾接待邓小平、胡锦涛、朱镕基等党和国家领导人，不少国外政要曾来园视察、游览，有的还在园内植树纪念。1984年，邓小平同志在南洋杉草坪亲手种植了一株大叶樟，为园区添辉增色。

中小学生参观邓小平植树处

科普志愿者为学生团队讲解

姜目植物区一隅

姜目植物区简介

姜目植物区坐落于厦门市园林植物园北部，南邻西山园，东傍花卉园，是一个以生物分类学等级“目”为单位营建的植物专类园。姜目植物区占地约 30000 平方米，于 2016 年 8 月对外开放，目前收集了姜目的芭蕉科、旅人蕉科、兰花蕉科、蝎尾蕉科、闭鞘姜科、姜科、美人蕉科、竹芋科共 8 科、400 余种（含种下分类单位及品种）植物，包括众多从国内外引种的特色或珍稀植物，有株型独特的旅人蕉、大鹤望兰、象腿蕉，有叶色斑斓的孔雀肖竹芋、豹纹竹芋，有花色艳丽的紫苞芭蕉、美人蕉、姜荷花，还有花型奇特的金嘴蝎尾蕉、地涌金莲、

姜目植物区一隅

姜目植物区一隅

宝塔姜……不仅如此，姜目植物区内还收集了许多著名的药用植物，如砂仁、高良姜、红豆蔻、海南三七等。

小桥流水

姜目植物区里山谷清幽，溪潭澄澈，曲折迂回的登山游步道穿梭其间，园区保留原有的山体自然景观，修建休憩亭、观景平台等，供游客驻足休闲，构成一幅花木扶疏、流水潺湲、曲径通幽的美丽画卷。

休憩亭

①紫苞芭蕉
②大鹤望兰
③旅人蕉
④芭蕉
⑤朝天蕉
⑥广西莪术
⑦郁金
⑧姜黄
⑨地涌金莲
⑩香蕉
⑪象腿蕉
⑫姜荷花
⑬距花山姜
⑭粗柄象腿蕉
⑮鹤望兰
⑯红蕉
⑰美人蕉
⑱姜花
⑲升振山姜
⑳水竹芋
㉑柊叶
㉒竹叶蕉
㉓砂仁
㉔黄姜花
㉕红秆水竹芋
㉖双翅舞花姜
㉗高良姜
㉘火炬姜
㉙山姜
㉚红豆蔻
㉛九翅豆蔻
㉜闭鞘姜
㉝宝塔姜
㉞流苏兰花蕉
㉟华山姜
㊱假益智
㊲孔雀肖竹芋
㊳豹纹竹芋
㊴圆叶竹芋
㊵海南假砂仁
㊶马来良姜
㊷长节芦竹芋
㊸红球姜
㊹海南三七
㊺山柰
㊻土田七
㊼黑果山姜
㊽金嘴蝎尾蕉
㊾蕉芋
㊿阿希蕉

观景平台

入口

厦門園林植物園

美目植物区导览图

北
花卉园
36
41
40
31
42
43
44
45
46
34
35
37
38
30
32
33
39
29
47
28
48
26
49
凉亭
25
24
23
27
22
20
21
19

特色植物

TESE ZHIWU

1

紫苞芭蕉

学名：*Musa ornata*

科名：芭蕉科

植物小知识

紫苞芭蕉原产于印度、孟加拉国、缅甸，学名中的*ornata*在拉丁语里意思是“优雅的、美丽的”。紫苞芭蕉花序向上挺立，粉红色的苞片包裹着金黄色的小花。花序基部为雌花，顶部为雄花。每一层的雌花能结2～3个手指般大小的果实，果实不可食用。雌蕊和雄蕊不在同一朵花内，以防止自花授粉，确保种子的质量，降低自交衰退对物种繁衍的影响。

紫苞芭蕉的雌花

紫苞芭蕉的花序及小浆果

紫苞芭蕉的雄花

植物小故事

世人皆知池中有莲，“出淤泥而不染，濯清涟而不妖”。紫苞芭蕉就像开在“树”上的“莲”，那粉紫色的苞片层层包覆，酷似一朵含苞欲放的莲花，在硕大的绿色蕉叶的衬托下，显得格外优雅。如果北宋时就有引种紫苞芭蕉的话，爱莲的周敦颐说不定会在池中种莲，在地上种紫苞芭蕉呢。

2

大鹤望兰

学名：*Strelitzia nicolai*

科名：旅人蕉科

植物小知识

大鹤望兰原产于非洲南部，是鹤望兰属中体型最大的一种，世界著名的热带象征性植物之一，我国华南地区有引种栽培。

大鹤望兰的植株有明显的木质茎，高可达 8 米，宽大的叶子着生在木质茎的顶端，树形优美，如一把巨形扇子。大鹤望兰在厦门几乎一整年都有花，开花时白色的花萼和淡蓝色的箭头状花瓣密集而有序地着生于舟状总苞中，整个花序犹如一只白鹤，令人称奇。

大鹤望兰

大鹤望兰的花序

大鹤望兰的蒴果

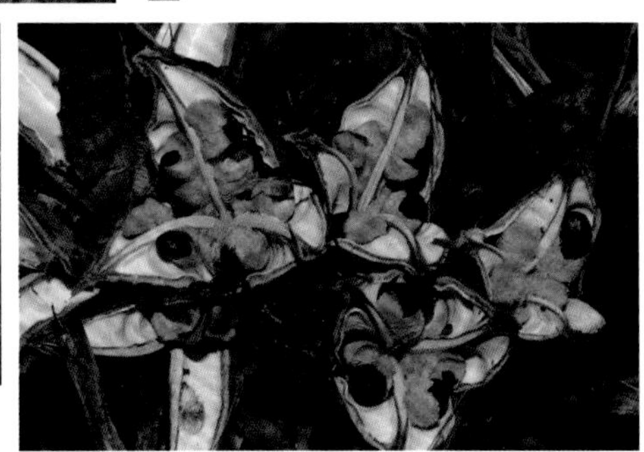

大鹤望兰自然开裂的果实及种子

植物小故事

大鹤望兰又名尼古拉鹤望兰，“尼古拉”是它学名中 *nicolai* 的音译，这一词源于俄国沙皇尼古拉一世。据说尼古拉一世在位期间，尼古拉鹤望兰被带到了俄国，并种植在圣彼得堡的帝国花园里，因而有了此名。

其果实成熟后会自动开裂，露出种子，每粒种子都带有一撮茸毛，茸毛因含有胆红素而呈现亮橙色。胆红素是胆色素的一种，是临床上判定黄疸和肝功能是否正常的重要依据，基本上在动物体内产生。而尼古拉鹤望兰是稀有的含有胆红素的植物。

3 旅人蕉

学名：*Ravenala madagascariensis*

科名：旅人蕉科

植物小知识

旅人蕉原产于非洲岛国——马达加斯加，被视作马达加斯加共和国的国树。旅人蕉叶片宽大，叶柄粗壮，基部有凹槽，槽内存有大量的水。值得注意的是，这些水是旅人蕉雨天时“收集”来的。因其叶柄基部彼此紧密排列，表面有一层蜡质皮粉，使得贮存的雨水不易滴漏，也不易蒸发。入秋后，旅人蕉的叶片基部会抽出大型的蝎尾状花序，开出淡黄色的花，同时分泌大量的花蜜，整个花序由一片坚硬的革质苞片保护着。

旅人蕉

旅人蕉排列紧密的叶柄基部

旅人蕉蓄水的叶柄基部凹槽

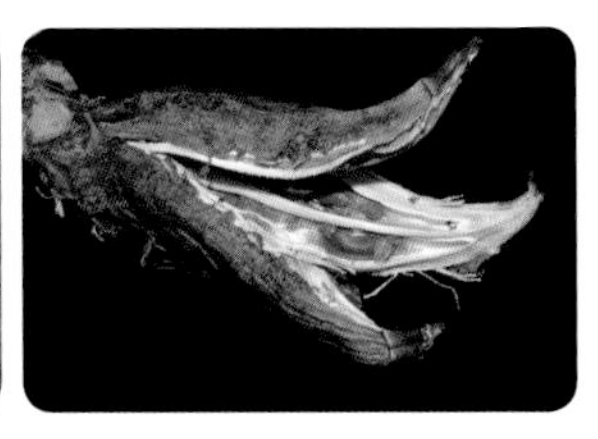

旅人蕉的花序

旅人蕉的花

旅人蕉成熟开裂的果实和种子

植物小故事

在马达加斯加，旅人蕉结果主要依赖于狐猴。狐猴是岛上特有的一种灵长类动物，擅长攀爬和跳跃，能够轻松地接触到旅人蕉“高高在上”的花。狐猴掰开苞片采食花蜜，同时也为旅人蕉传粉。在没有狐猴的地方，旅人蕉自然结果率很低，需人工授粉。其木质化程度极高的果实成熟后会自动开裂,种子和大鹤望兰的种子一样，也有一撮茸毛。不同的是，它的茸毛是蜡质的、亮蓝色的，包裹着种子。这种绸缎般的亮蓝色，在植物界中极为罕见。

4 芭　蕉

学名：*Musa basjoo*

科名：芭蕉科

植物小知识

芭蕉的花序很长，但只有基部的花会结出芭蕉，而顶部的花不能结果。这是因为基部的花是雌花，顶部的花是雄花。从形态上来看，雌花的子房明显比较大，柱头也更大，只有雌花的子房会慢慢膨大形成果实。其果肉中布满了又黑又硬的种子，难以食用。雄花最终会跟苞片一起掉落，最后只剩下光秃秃的花序轴。花序最顶部的是尚未开放的密集包裹的苞片和雄花，整体像个锥形的吊线锤。

芭蕉的果序、花序

芭蕉的雌花

芭蕉的雄花

内含种子的芭蕉果实

植物小故事

芭蕉文化在我国可谓源远流长。古文中对芭蕉最早的记载，出自西汉司马相如的《子虚赋》，当时人们称芭蕉为“巴苴”。唐宋时期，芭蕉文化得到了空前发展，芭蕉从此成为诗词歌赋中的一个重要题材，用来表达优雅淡然、烂漫旖旎的意象，“雨打芭蕉”更是成为诗人表达丰富情韵的经典意象。芭蕉不仅令人赏心悦目，还能使人产生独特的审美体验。

5

朝天蕉

学名：*Musa velutina*

科名：芭蕉科

植物小知识

朝天蕉又名绒果芭蕉，原产印度东北部阿萨姆邦和喜马拉雅山脉东部。朝天蕉叶片宽大，花序位于植株顶端，苞片外面粉红色，内面紫红色，每个苞片内有 3 ～ 5 朵的一排小花。不同于香蕉和芭蕉弯曲垂挂的果串，它的果串朝天直立生长。果实娇小可爱，果皮紫红色，且带有白色茸毛。其拉丁学名中的 *velutina* 就是“茸毛”的意思。果实成熟时，果皮会自动开裂，露出白色内层和果肉，恰似一朵绽开的白色花朵，格外醒目。

朝天蕉

朝天蕉的花序和雌花

朝天蕉成熟开裂的果实

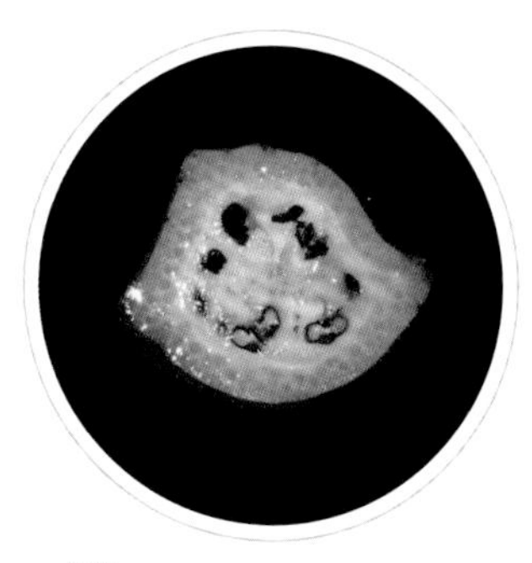

朝天蕉果肉中的种子

植物小故事

朝天蕉的果实味道尚佳，果肉软糯香甜或微酸，美中不足的是种子太多，而且很坚硬，因而通常只是作为一种观赏植物来栽培。朝天蕉的植株较矮小，但一簇簇亭亭玉立的粉红色花序和神秘诱人的果序，色彩鲜艳且持久，配上具有南国情调的郁郁葱葱的蕉叶，为整个园区增添了不少光彩。

6 广西莪术

学名：*Curcuma kwangsiensis*

科名：姜科

植物小知识

广西莪术（ézhú）开花很有趣。春季的时候，常先开花后长叶，花序从地下的根状茎抽出（即花序基生），好似一把神秘的火炬。而夏季的时候，花序则从植株的顶部抽出（即花序顶生），似绿丛中的精灵。花序中艳丽的苞片是其主要观赏部位，上部苞片粉红色至紫红色，中下部苞片淡绿色至黄白色。真正的花朵不大，藏在基部的可育苞片里，花瓣小，呈红色，雄蕊和唇瓣均为明亮的黄色。

广西莪术（花序基生）

广西莪术（花序顶生）

大莪术

顶花莪术

植物小故事

广西莪术是我国特有的植物，仅广东、广西、四川、云南等地有分布，生于山坡草地或灌木丛中。其根状茎是中药莪术的一种药材来源，而块根是中药桂郁金的药材来源。此外，它的根状茎还可用于提取芳香油。广西莪术的花序苞片色彩绚丽，可用作高级切花材料。除了广西莪术之外，姜目植物区中还栽培有同属植物大莪术（*Curcuma elata*）、顶花莪术（*Curcuma yunnanensis*）等。

7 郁　金

学名：*Curcuma aromatica*

科名：姜科

植物小知识

郁金株高约 1 米。根状茎为肉质，肥大，切面为黄色，具有特殊的芳香气味。根膨大成纺锤状块根。叶片宽大，正面无毛，背面密被短而柔软的毛。其穗状花序单独从地下的根状茎抽出，与叶同出或先叶而出。花序下部的可育苞片为淡绿色，上部的不可育苞片为白色或淡红色，顶端常具有小尖头。花冠裂片白色又带点粉红。侧生退化雄蕊为淡黄色，唇瓣为黄色。根状茎和块根均可入药。

郁金的花序

郁金的花与叶

根茎（根状茎）
根
块根

姜黄属植物地下部位示意图

植物小故事

一味中药材的来源可能有多种植物，而一种植物又可能是多味中药材的来源。姜科姜黄属植物的根状茎是中药材姜黄或莪术的来源，而块根则为中药材郁金的来源。因此中药材郁金和植物郁金不是简单的一一对应关系。中药郁金具有行气解郁、破瘀止痛的功效。不同的中药，其功效作用与临床应用各有不同。

8

姜　黄

学名：*Curcuma longa*

科名：姜科

植物小知识

姜黄原产于我国台湾、福建、广东等地，在东亚及东南亚广泛栽培。姜黄拉丁学名中的*longa*，意思为“长的”，意指姜黄的根状茎很长，非常发达。其根状茎切面呈橙黄色或深黄色，带有浓郁的芳香气味。根系很粗壮，末端常膨大成纺锤形或椭圆形的块根。叶子绿色，两面无毛。花序从叶柄中抽出。下部可育苞片为淡绿色，内有小花，花冠呈淡黄色，唇瓣中脉为深黄色；上部不育苞片为白色或白绿色，边缘为淡红色。

姜黄

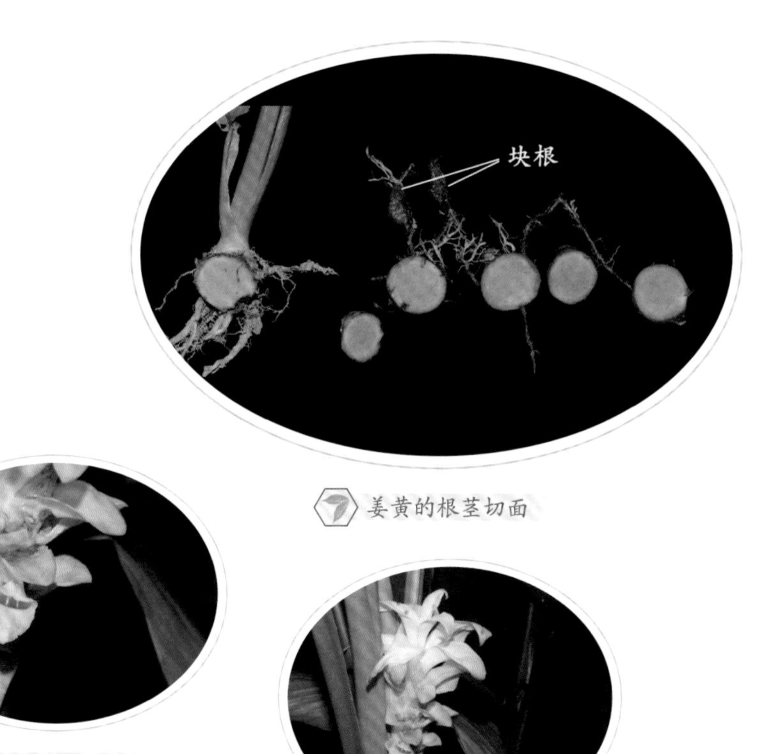

姜黄的根茎切面

姜黄的小花

姜黄的花序

植物小故事

姜黄是一种传统的黄色天然植物染料。它的根状茎中含有姜黄色素。这是一种天然的植物黄色素，不仅着色效果好，而且绿色健康，用途广泛。姜黄色素可作为食用色素，通常添加于咖喱粉、糖果、冰淇淋、果冻、萝卜干等食物中，起到调味或着色的作用。姜黄色素作为一种纺织染料，广泛应用于棉、麻、毛、丝等多种面料织物的染色，具有染色工艺简便、上染速率快、色彩明亮鲜艳等优点。

9

地涌金莲

学名：*Musella lasiocarpa*

科名：芭蕉科

植物小知识

地涌金莲是多年生大型草本植物，主要分布于我国云南中部和西部，是我国特有物种。地涌金莲的花序位于假茎上部，金黄色的苞片自下而上逐层开放，层层叠叠簇拥着一朵朵金黄色的小花，整个花序色彩富丽堂皇，宛若从地上"喷涌"而出的金色莲花，因而得名。有时假茎的叶腋处还能开出多个小花序，使得整个花序更加硕大而灿烂，犹如众星捧月，具有很高的观赏价值。地涌金莲一个花序的花期长达半年之久，南方温暖地区若养护得法，几乎常年有花可赏。

地涌金莲

植物小故事

地涌金莲是佛教植物“五树六花”之一。“五树”即菩提树、高山榕、贝叶棕、槟榔和糖棕，“六花”即莲花、文殊兰、黄姜花、鸡蛋花、缅桂花和地涌金莲。地涌金莲除了具有重要的观赏价值，还有经济价值和生态价值等。在原产地，人们会采摘其幼嫩的假茎和花序做菜，茎汁还可解酒、解毒，制作止血药物。地涌金莲的假茎还可做猪饲料。其纤维发达的叶片和叶柄，可编制草鞋、坐垫、绳子和篮子等生活用品。地涌金莲还是重要的水土保持植物，当地人将它种在坡地，防止水土流失，起到保护生态环境的作用。

地涌金莲的花序

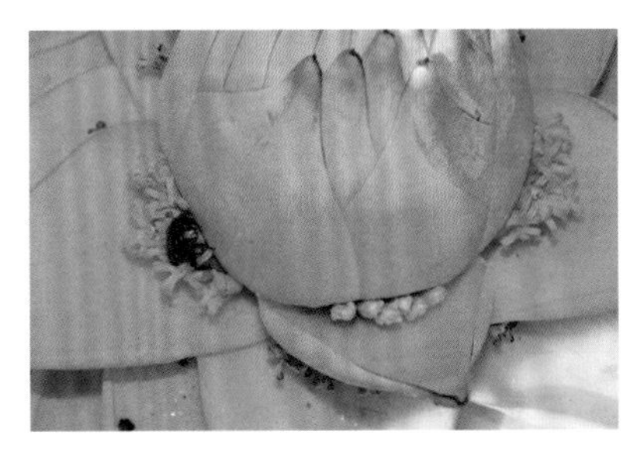

地涌金莲苞片内的花

地涌金莲的果实

10

香　蕉

学名：*Musa acuminate* ‘Cavendish’

科名：芭蕉科

植物小知识

香蕉植株虽然高，但它不是树。我们看到的茎，实为香蕉的假茎，由一层层的叶鞘紧密包裹而成，本质上是叶的一部分，属于草质而非木质，因此香蕉不是树，而是大型草本植物。香蕉在地下有球茎，是植株的养分贮藏中心，供应根、叶、芽、花和果生长发育所需的养分。球茎的顶部中央为生长点，在营养生长期仅抽生叶子，待其转化为花芽，即可向上抽出花蕾，在假茎中心长成花序茎，即真茎。花序茎在香蕉挂果期支撑着重量级的果穗。

香蕉的果序和花序

香蕉的雌花

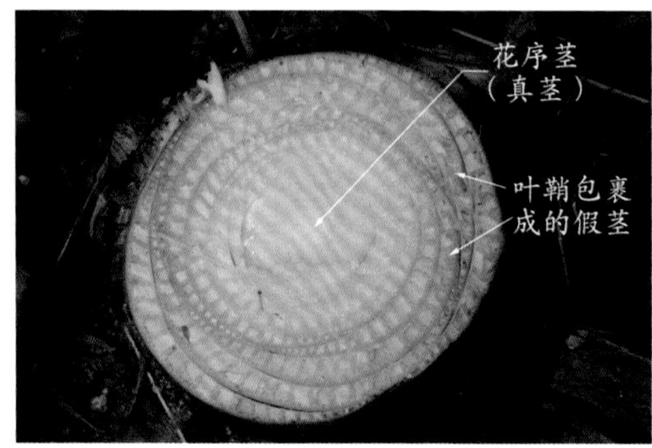

香蕉抽花挂果期的花序茎和假茎

香蕉的雄花

植物小故事

香蕉的亲本野蕉（*Musa balbisiana*）和小果野蕉（*Musa acuminata*）是有种子的。但是我们通常食用的香蕉是三倍体，没有种子，不能通过播种繁殖下一代。那么香蕉植株到底是怎么培育出来的呢？由于香蕉的地下球茎分生能力很强，一年中会从母株周围发出很多的新芽（即吸芽），尤其是在高温高湿的季节。人们通过移植吸芽就可以产生新的个体，所以香蕉常规的栽培是通过吸芽来繁殖下一代，而大规模的种植则采用植物组织培养这一快速繁殖技术。

11 象腿蕉

学名：*Ensete glaucum*

科名：芭蕉科

植物小知识

象腿蕉，因其假茎基部膨大，粗壮如象腿而得名，是一种原产于云南南部及西部的多年生草本植物，在南亚和东南亚也有分布。它的花序从假茎顶端抽出，倒挂其上。从树下往上看，其花序如莲，如钟，奇特有趣。然而，这美丽的花序却是它生命终结的预兆。象腿蕉一生只开一次花，只结一次果，开花、结果后就会慢慢死亡，属于一次结实植物。象腿蕉以种繁殖为主，从种苗到开花需要3～4年，有时甚至更久。

独立而挺拔的象腿蕉

象腿蕉的绿色苞片及苞片内的花

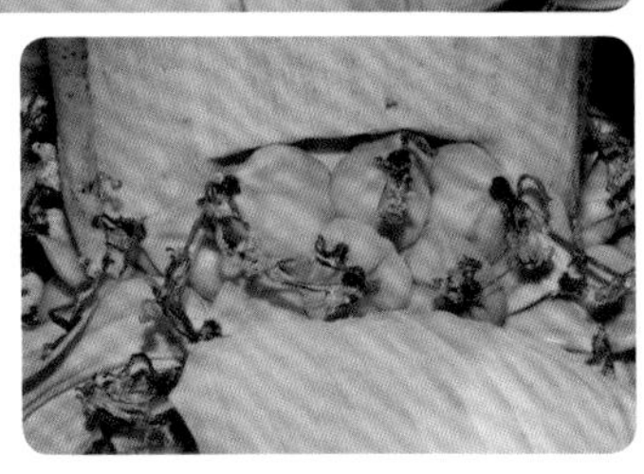

象腿蕉的果实

象腿蕉的花序

植物小故事

自然界中，大多数植物在一个生命周期里可以多次开花、结果，有些植物一生却只开一次花，只结一次果，这样的植物被称为一次结实植物。一至二年生的草本植物是常见的一次结实植物，生命短暂。而多年生植物中的一次结实植物就比较少见，除了象腿蕉以外，竹子、龙舌兰等植物，也是一次结实植物。

12

姜荷花

学名：*Curcuma alismatifolia*

科名：姜科

植物小知识

姜荷花为多年生球茎草本植物，花期为 6 月～ 10 月。它的花序顶端部分是不育苞片。不同的姜荷花品种，其不育苞片颜色各不相同，有红色、粉色、紫色、白色或绿色等。不育苞片下面呈蜂窝状排列的绿色部分是可育苞片，其内“孕育”着姜荷花真正的花。每个可育苞片中有 2 ～ 6 朵花，花朵依次开放。10 月后，植株的地上部分慢慢枯黄，地下的球茎则进入休眠状态，到第二年春季再发芽。

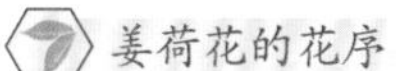

姜荷花的花序

不同品种姜荷花的不育苞片

姜荷花的园艺品种

植物小故事

姜荷花的原产地在泰国清迈。因其花序顶端酷似荷花而得名，又因其花序整体形似郁金香而有着“热带郁金香”的美誉。其花期正值炎热的夏季，可以弥补夏季我国南方切花资源的不足，加上秀美的株形、奇特的花姿、艳丽的色彩和适合瓶插的特点，姜荷花成为国内备受关注的鲜切花新秀。

13

距花山姜

学名：*Alpinia calcarata*

科名：姜科

植物小知识

距花山姜是多年生草本植物，产于我国广东，斯里兰卡、马来西亚和印度等热带国家也有分布。这是一种非常容易生长又很有活力的物种，株丛茂密浓绿。相比其他山姜属植物，它的叶片较为狭窄，两面无毛，边缘具有短硬毛，用手触摸会有割划感或刺痛感。距花山姜未开花时，花萼和花冠裂片是白色的，当花朵自下而上依次开放时，唇瓣边缘是黄色的，中间有美丽的砖红色条纹和斑点。

距花山姜

矩花山姜的叶片

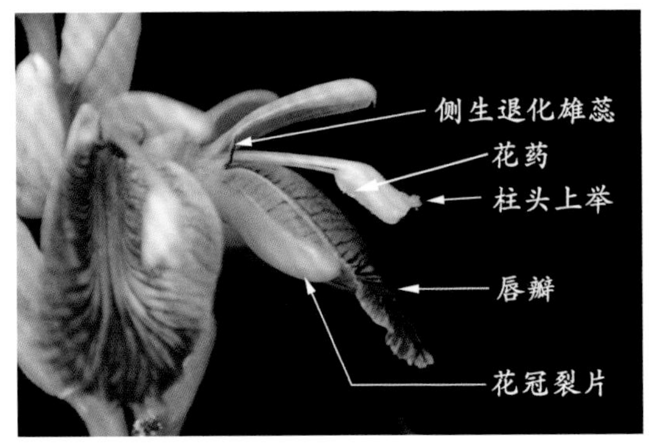

矩花山姜花的结构

矩花山姜的花序

植物小故事

距花山姜的根茎可入药，是斯里兰卡的传统药材。科学研究表明，距花山姜的提取物和精油中含有多酚、单宁、类黄酮、类固醇类糖苷和生物碱等多种成分，有驱虫抗菌、消炎止痛、抗氧化等功效，在生物制药方面很有发展前景。

14

粗柄象腿蕉

学名：*Ensete ventricosum*

科名：芭蕉科

植物小知识

粗柄象腿蕉高可达6米，其学名中的 *ventricosum* 在拉丁语里的意思是“膨出的、肿胀的”，指其基部膨大呈坛状、形似象腿的假茎。它的叶片宽大、油绿，叶柄为绿色，中脉呈红色。果实充满了又黑又硬的种子，无法食用，所以有人称它为“假香蕉”。在姜目植物区中，还有两个栽培品种：红叶粗柄象腿蕉（*Ensete ventricosum*'Maurelii'）和巨籽象腿蕉（*Ensete ventricosum*'Large Seed'），前者叶色红艳，在众多叶子鲜绿的芭蕉科植物中显得尤为突出。

粗柄象腿蕉

红叶粗柄象腿蕉

巨籽象腿蕉

植物小故事

粗柄象腿蕉原产于非洲东部高原边缘地区，当地人将其驯化并广泛种植，作为主要的粮食来源。人们取其幼嫩组织煮熟食用，或将其茎秆和花序茎粉碎，制作成淀粉，在其中加入酵母，用叶子包好、密封发酵后做面包或大饼。其茎秆的汁液可作为饮料。而汁液蒸发后得到的粉末，则可以长期保存。

15

鹤望兰

学名：*Strelitzia reginae*

科名：旅人蕉科

植物小知识

鹤望兰原产于非洲南部，花形奇特，每“一朵花”其实是一个聚集了很多花的花序。整个花序，犹如一只仙鹤振翅欲飞，因此又称“天堂鸟”“极乐鸟”。看似“鸟喙”的部位，是鹤望兰的舟状佛焰苞；橙黄色的“翅膀”，看似花瓣，其实是披针形的萼片；而那个冷艳的、基部具耳状裂片的蓝色“箭头”，才是它的花瓣。鹤望兰的雄蕊和雌蕊都包裹在蓝色的花瓣中，只有雌蕊的柱头在花瓣的尖端露出来。

鹤望兰

鹤望兰的花序

鹤望兰的果实和种子

鹤望兰的果实

植物小故事

鹤望兰在20世纪60～70年代引入我国，因为没有传粉媒介而无法自然结实。早期繁殖鹤望兰多采用分株法，但繁殖率低，推广应用缓慢。

厦门市园林植物园于20世纪80年代开始引种鹤望兰，研究鹤望兰的人工育种技术，并于90年代揭示了鹤望兰在厦门地区开花结实的规律，掌握了鹤望兰人工授粉的技术，成功地实现了鹤望兰的规模化制种和育苗，有效促进了鹤望兰的推广应用，使鹤望兰这只昔日的“王谢堂前燕”，飞入了“寻常百姓家”。

16

红　蕉

学名：*Musa coccinea*

科名：芭蕉科

植物小知识

红蕉原产于我国云南东南部，越南也有分布。红蕉植株细瘦，花序挺拔直立，着生于假茎顶端的叶柄间。其拉丁学名中的 *coccinea* 意为“猩红色”，指其花序上明亮、鲜红的苞片颜色。红蕉株丛给人的整体感觉就是“绿肥红瘦”，异常醒目。花序中位于最外层的 1 ～ 2 个苞片，具有绿色的叶状尖端，好像一支小天线，显得十分俏皮可爱。每一个苞片内有一列橙黄色的小花，花序基部为雌花，花序上部为雄花。

红蕉的花序和小花

红蕉的花序

植物小故事

红蕉原生于海拔600米以下的沟谷或水分条件良好的山坡上，在气候温暖湿润、阳光充足或半荫的环境条件下生长良好。红蕉的果实、花、嫩芯、梢及根都有毒，不能食用，但植株挺直，形态潇洒，花序苞片殷红如炬，艳丽且持久，是庭园布置、绿化美化的良好材料，亦可盆栽观赏。红蕉的花序是高档的切花材料，瓶插寿命持久，时间长达一个月。

红蕉的果实

17

美人蕉

学名：*Canna indica*

科名：美人蕉科

植物小知识

美人蕉花如其名，娇艳美丽。很多人看到它的“花”时，都会认为那最鲜艳的部分就是它的花瓣。其实，那是花瓣化的雄蕊，它真正的花瓣簇拥在基部，很不起眼。大花美人蕉是美人蕉的杂交种，它的花朵更大，色彩更丰富，品种更多，被广泛应用于园林造景。姜目植物区中的大花美人蕉有：鲑粉美人蕉（*Canna*×*generalis* 'Pfitzers Salmon'）、鸳鸯美人蕉（*Canna*×*generalis* 'Cleopatra'）、金脉美人蕉（*Canna*×*generalis* 'Striata'）等。

鲑粉美人蕉

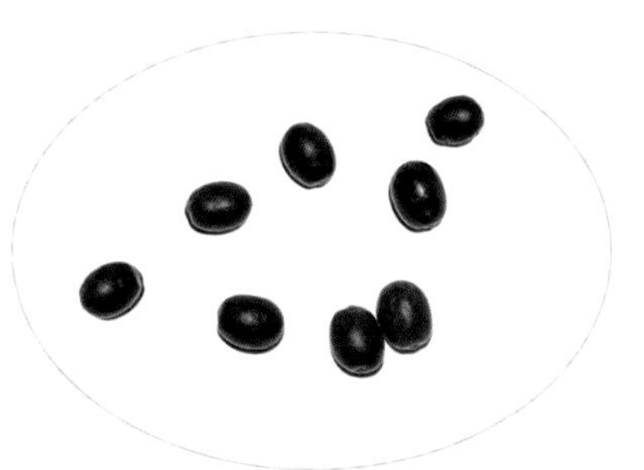

鲑粉美人蕉的成熟种子

鲑粉美人蕉的果实和未成熟的种子

植物小故事

美人蕉的种子为球形，成熟时是黑色的，直径大约1厘米，表皮光滑。种子质地坚硬，形似霰弹，所以有“印第安霰弹丸”的别称。美人蕉的种子被用作串珠以及一些民族乐器的配件，例如法国乐器kayamba，以及津巴布韦乐器hosho。美人蕉的种子被置于这些乐器中，乐器有节奏地摇动时，便发出特别的伴奏声。

金脉美人蕉

鸳鸯美人蕉

18

姜　花

学名：*Hedychium coronarium*

科名：姜科

植物小知识

姜花的属名 *Hedychium* 源于希腊语，意思是“香甜的雪”；种名 *coronarium* 源于拉丁语，意思是“王冠”。姜花的花朵大而洁白，形如蝴蝶，香气清雅，沁人心脾，因而也被称为“蝴蝶花”。不过，蝴蝶花雪白的“翅膀”并非它真正的花瓣，而是花瓣状的退化的雄蕊。

姜花

姜花的花序

姜花的花

姜花开裂的果实和种子

植物小故事

姜花不仅观赏价值高，用途也十分广泛。在一些热带地区，姜花或作为头饰，或用作新娘的捧花，或用来供奉佛堂祭坛。姜花富含多种芳香物质，根茎和花可提取精油，用于防蚊、制作香水或水疗。姜花也可做菜肴，当地人会将其嫩芽或花蒸煮后蘸酱食用。姜花的茎富含纤维，可用于造纸。

19

升振山姜

学名：*Alpinia* 'Shengzhen'

科名：姜科

植物小知识

升振山姜株型优美紧凑，不易倒伏；叶片窄长油绿，两面无毛；花序从茎秆顶部抽出，花朵未开时，艳丽繁复的粉红色苞片十分醒目。姜目植物区的升振山姜 4 月初就开始抽生花序，花朵自下而上依次开放。白色的花瓣藏于苞片内，伸出花瓣外的是雄蕊瓣化而成的黄色唇瓣，边缘具有红色条纹。升振山姜花期长，观赏性佳，现已成为园林植物中的新贵。

升振山姜的花苞

升振山姜的花序

植物小故事

20 世纪 70 年代，中国科学院华南植物园陈升振等人开始着手姜科新品种的选育工作，他们通过无性选育和杂交育种等方式，先后选育出大量的新品种，其中包括升振山姜。尽管这些新品种的“父母”均为草豆蔻，但“龙生九子，各有不同”，其后代在形态上与“双亲”有着较为明显的差别。陈升振团队通过多代的观察、比较和反复试验，历时多年，最终选育出在诸多方面均表现优良的新品种。升振山姜的名字，就是为了纪念为此作出突出贡献的陈升振。

水竹芋

学名：*Thalia dealbata*

科名：竹芋科

植物小知识

水竹芋原产于美国中东部，学名中的 *dealbata* 意为“粉刷的”，指叶上覆盖着一层白色蜡粉。它的花为紫色，花型奇特，结构精巧，主要由 3 枚极小的萼片、3 枚不起眼的花瓣、4 枚雄蕊和 1 枚雌蕊组成。4 枚雄蕊中，只有 1 枚是可育雄蕊，具有花粉，其他雄蕊不可育且花瓣化。花柱作为雌蕊的一部分，被包裹、束缚在 1 枚附有 2 条细丝的兜状退化雄蕊中。果实球形，直径约 1 厘米，内含 1 粒种子。

水竹芋

水竹芋的果实

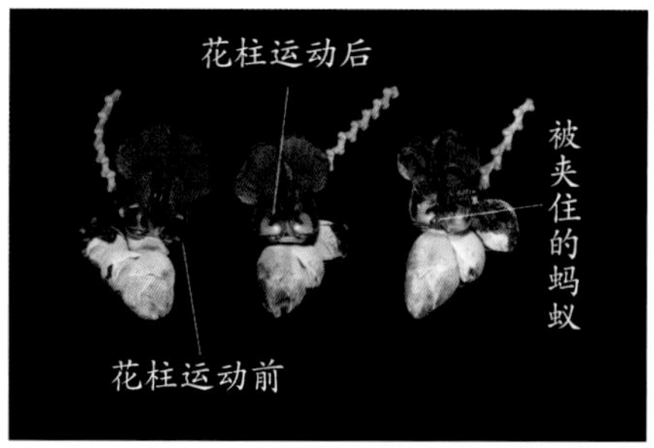

水竹芋的花柱运动

植物小故事

水竹芋的花朵中有一个暗藏的“机关”。当蚂蚁、蚜虫等小昆虫进入花中，触碰到被束缚的花柱时，花柱随即产生应激反应，像被扣动了扳机一样迅速卷曲，来不及反应的小昆虫瞬间就被紧紧夹住。有学者认为水竹芋的这种爆发式花柱运动，是为了引发传粉者的剧烈挣扎，从而加强传粉力度，不但掳取传粉者身上所携带的异花花粉，同时把自身的花粉送到传粉者身上。

水竹芋的花序

21

柊　叶

学名：*Phrynium rheedei*

科名：竹芋科

植物小知识

柊（zhōng）叶原产我国广东、广西、云南等地，越南、印度也有分布。柊叶丛生，高 1 ～ 2 米。柊叶的叶子是它最吸引人的部位，叶片宽大，正面墨绿油亮，背面浅绿，好似蒙上一层白粉。跟叶子相比，柊叶的花显得平淡无奇。其头状花序从叶鞘抽出，花序直径仅约 5 厘米，花序中的花更小，直径 1 厘米左右。这样的花序很容易被旁边宽大的叶子遮住，让人难以察觉。

柊叶

柊叶的叶部细节

柊叶的花序

植物小故事

我国幅员辽阔，物产丰富，粽子也风格迥异。除了有甜咸口之分，其包裹物——粽叶也因地而异。通常用来做粽叶的有芦苇叶、箬竹叶、笋壳、玉米叶、芭蕉叶以及柊叶等。在粤、桂、琼、滇、贵等地区，人们就用柊叶来包粽子。

西晋《南方草木状》记载：“冬叶，姜叶也，苞苴物，交广皆用之。南方地热，物易腐败，唯冬叶藏之，乃可持久。”可见当时南方地区的人们已经使用柊叶包裹食物，防止腐败。

22

竹叶蕉

学名：*Donax canniformis*

科名：竹芋科

竹叶蕉

植物小知识

竹叶蕉又名“竹节水竹芋”“兰屿竹芋”，原产我国台湾兰屿，印度、马来西亚、菲律宾亦有分布。其植株呈亚灌木状草本的形态，株高可达4米。地上茎为绿色，茎秆上有分节，节上还可长出细小的分枝。花序着生于枝条的顶部，花朵是明亮的白色，由异化成花瓣的雄蕊、3枚狭长的花瓣、3枚极小的萼片组成。花朵通常成对开放，宛若蝴蝶双栖双飞。果实近球形，乳白色至淡奶油色，十分小巧可爱。

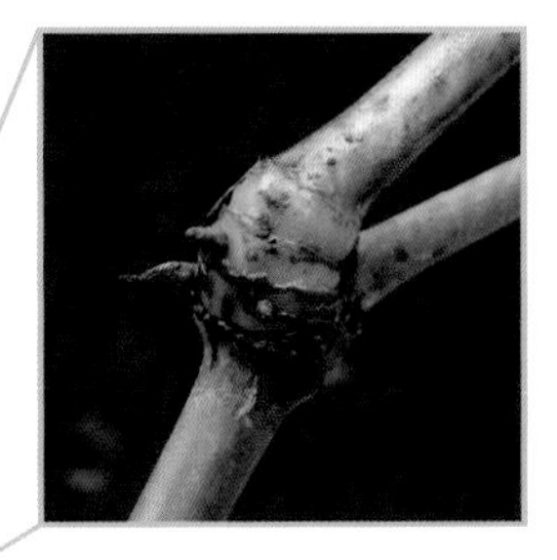

竹叶蕉地上茎的节

竹叶蕉的地上茎

植物小故事

在原产地，竹叶蕉的茎秆常用来编制盛物器具，如筐、篮子等。人们将其茎秆上绿色的表皮纵向切成薄片，制成长条形的编织材料，再用稳定剂浸泡处理，使其更加柔软有韧性，晒干后呈现有光泽的棕色。这样处理后制作的器具更加美观、结实。

此外，竹叶蕉还可药用，有清热解毒、止咳定喘、消炎杀菌的功效。因其株型秀美、花色素净，在园林应用中常做绿篱，或用于庭院水景点缀，或作为大型盆栽供人观赏。

竹叶蕉的花

竹叶蕉的果实

砂　仁

学名：*Amomum villosum*

科名：姜科

植物小知识

砂仁植株高1.5～3米，其花序由地下的根茎抽出，高度不足10厘米，不易被人发觉。花冠为白色，唇瓣顶端为黄色，中脉有紫红色带，花朵小巧精致。自然条件下砂仁的结实率很低，主要的传粉者有多种蜜蜂，而不同种植区的传粉蜜蜂种类不同，通过人工辅助授粉，可以在很大程度上提高结实率。砂仁的成熟果实为紫红色，表面有许多柔刺，外形好似酸甜可口的杨梅，果实干燥后外壳为褐色，里面的种子带有浓郁的香气。

砂仁的花

砂仁的花序

砂仁的果实

植物小故事

俗话说：“北有高丽参，南有春砂仁。”砂仁是著名的药用植物，果实入药，药材名也叫砂仁。广东阳春为著名的砂仁产地，因而砂仁也被称为阳春砂仁、春砂仁。长泰是福建砂仁的传统产区，早在清康熙年间就有种植砂仁的记载。1959 年，福建省药用植物普查队在长泰发现砂仁后，开始规模化人工种植。如今，果大质优的“长泰砂仁”被列为国家重点发展的南药之一，并于 2015 年登记为长泰陈巷的全国农产品地理标志。

24

黄姜花

学名：*Hedychium flavum*

科名：姜科

植物小知识

黄姜花原产于我国西南部，印度也有分布，是一种多年生草本植物。黄姜花叶片四季翠绿，花穗直立、致密如莲座。黄姜花的花为黄色，色彩典雅，形似蝴蝶。它的“前翼”是两片倒心形的花瓣，“后翼”是披针形的侧生退化雄蕊，细长的“触角”则是黄姜花的雄蕊。黄姜花香气浓郁，沁人心脾，不同于姜花的清新淡雅。

黄姜花的花序

黄姜花的花瓣背面

植物小故事

黄姜花是佛教的“五树六花”之一。其香气浓郁持久，摘下后经久不凋，是人们喜用的宗教花饰材料和必备的赕佛（dǎn fó）用品。此外，其根茎还能提取染料，用来染制袈裟。在原产地，爱美的傣族姑娘常把黄姜花佩戴在头上。

25

红秆水竹芋

学名：*Thalia geniculata*

科名：竹芋科

植物小知识

红秆水竹芋植株高大，可达3米，甚至更高。因其假茎和叶柄呈红色，故名红秆水竹芋。又因其圆锥花序下垂而得名垂花水竹芋。红秆水竹芋的花十分漂亮，两枚淡紫色的瓣化雄蕊从绿色苞片中探出，形似一只振翅高飞的蝴蝶。它的花如镜像般成对着生于“之”字形的花序轴上，花序轴长而下垂，新开的花垂坠着，在微风中摇曳生姿，整个花序好似古代佳人头上的步摇。

红秆水竹芋

红秆水竹芋的花序

红秆水竹芋的花

红秆水竹芋的果实

植物小故事

植物的一个神奇之处是它们能够通过一些奇特的本领来躲避伤害，或吸引传粉媒介来完成传宗接代的任务。红秆水竹芋的花虽精美，但是很小。朵朵小花汇集在一起，组成大花序。这样的“大花”比单朵的小花显眼多了，能吸引更多的传粉者为它们传粉。

双翅舞花姜

学名：*Globba schomburgkii*

科名：姜科

植物小知识

双翅舞花姜原产我国云南南部，中南半岛亦有分布。为多年生草本植物，株高约 50 厘米，原生于林中荫凉潮湿处，喜欢温暖湿润的气候和半荫蔽的环境。在厦门地区，植株的地上部分通常于深秋季节枯萎，冬季进入休眠，每年 4 ～ 5 月发芽，长出新的植株，6 月开始进入花季，花期长达 3 个月。双翅舞花姜的花为黄色，下部苞片的腋间常萌发大量的白色珠芽，以繁殖新的植株。

双翅舞花姜

双翅舞花姜的花序

双翅舞花姜的珠芽

贵族舞花姜

垂枝舞花姜

植物小故事

舞花姜花型奇特，花色明丽。盛开的花朵悬挂在花序上，宛若翩翩起舞的少女，曼妙轻盈，婀娜多姿，因此又有着“花仙子”的美称。厦门市园林植物园中除了有双翅舞花姜，还栽培有其他舞花姜品种，如苞片为紫色的贵族舞花姜（*Globba globulifera* 'Purple Ball'）、苞片为白色的垂枝舞花姜（*Globba sherwoodiana* 'Weeping Goldsmith'）等等。

27 高良姜

学名：*Alpinia officinarum*

科名：姜科

植物小知识

高良姜又名小良姜，原产于我国广东、广西和海南，为我国特有植物，如今广泛种植于亚洲热带地区。高良姜株高 40 ～ 110 厘米，叶片为线形，两面均无毛，没有叶柄，具有薄膜质叶舌。总状花序顶生而且直立，花序长 6 ～ 10 厘米，花序轴密被茸毛。花瓣白色，最引人注目的是中间的唇瓣，它比其他花瓣宽大，有鲜艳的紫红色条纹，是由雄蕊瓣化而来的。其果实为球形，成熟时呈诱人的橙黄色。

高良姜的花序

高良姜的花

高良姜的果实

植物小故事

高良姜的花和果都具有较高的观赏价值，可用于园林绿化，种植于疏林下、坡地等。根茎可入药，可以温中散寒、止痛消食。还可做香料、提取精油。常见的佐料十三香和五香粉里就有高良姜，外用药驱风油、清凉油和万金油里，也能见到它的身影。

28

火炬姜

学名：*Etlingera elatior*

科名：姜科

火炬姜的栽培品种

植物小知识

火炬姜原产于印度尼西亚、马来西亚、泰国，是一种高大的姜科植物，最高可以长到 6 米。它学名中的 *elatior*，意思是“高的”。其花序从地下的根茎抽出，好像一把熊熊燃烧的火炬，因此得名“火炬姜”。它的花由多层蜡质苞片包裹着，苞片色彩鲜艳，表面富有光泽，如华美的彩瓷，因此也被称为“瓷玫瑰”。火炬姜有多个栽培品种，苞片色彩各不相同，常见的有深红色、红色和粉红色等。

火炬姜的果序

火炬姜的花序

植物小故事

火炬姜是一种优良的园林花卉，可用于庭园、道路的绿化美化或盆栽观赏，也可做鲜切花。在原产地，火炬姜幼嫩的花芽常常被用来制作料理，当地人用其炒鸡蛋，做沙拉、咖喱或煮鱼汤，有一种类似柑橘味的清香。果实酸酸甜甜，可生吃，也可烹饪。其假茎粗壮又富含纤维，在印度尼西亚还被用来制作席子。

29 山　姜

学名：*Alpinia japonica*

科名：姜科

植物小知识

山姜的植株较矮小，高 50 ～ 80 厘米。叶片两面都有毛，叶色四季常绿。花序着生于枝条顶端，花瓣红色至淡红色。果实为蒴果，成熟后会自动开裂，长椭圆形，表面覆盖短柔毛，初为绿色，成熟后为鲜艳的红色。山姜是观赏价值较高的观叶、观花、观果植物。果实可供药用，为芳香性健胃药。

姜目植物区还栽培有花叶山姜（*Alpinia pumila*），其叶脉间具有灰白色粗条纹，花和叶皆有观赏性。

山姜

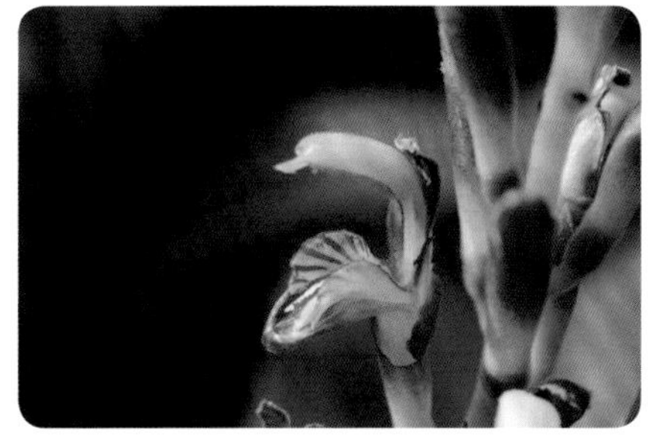

山姜的花

山姜的花序

花叶山姜的叶

花叶山姜的花序

植物小故事

和含羞草、跳舞草一样，山姜也是会“运动”的植物，它的花柱会“上举”和“下垂”。当花药成熟时，花柱上举，花药裂开，露出花粉，爬进花中的昆虫粘满花粉后离开，全过程不会接触到上举的柱头；当花柱下垂时，花粉已经散发，爬进花中的昆虫把身上带来的其他花的花粉蹭到柱头上，于是授粉成功，从而避免自花授粉带来后代衰退的结果。

30

红豆蔻

学名：*Alpinia galanga*

科名：姜科

植物小知识

红豆蔻原产于我国台湾、广东、广西和云南等地，广布于亚洲热带地区。植株高约2米，叶片长圆形或披针形，两面均无毛或叶背长柔毛。花序直立向上，分枝多，花量大；花瓣是清新的绿色，两枚细小的侧生退化雄蕊呈紫红色，唇瓣为白色，有红线条。果长圆形，果实的中部稍微向内收缩。果实初为绿色，成熟时枣红色。飘逸挺拔的植株，绿白色的花，枣红色的果，使其具有很高的观赏性。

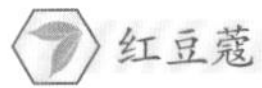

红豆蔻

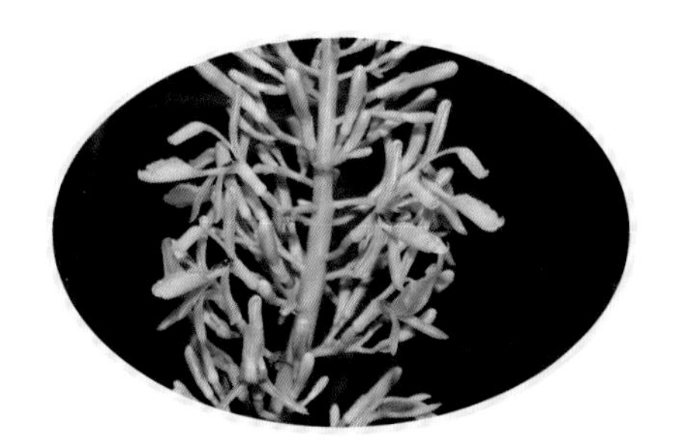

红豆蔻的花

红豆蔻的果实

植物小故事

在我国，红豆蔻的果实是家庭常备的药食两用的食材，既可作调味佐料，又可用来治疗消化系统疾病。红豆蔻的根茎有浓郁的香气，味道辛辣，在东南亚国家，尤其是泰国，当地人用它来烹调食物。俄罗斯人会从红豆蔻的根茎提取精油，用来调制一些饮料和烈性酒。与生姜相比，红豆蔻的根茎味道没有那么浓烈，它的香气更容易被接受。

红豆蔻的花序

31

九翅豆蔻

学名：*Amomum maximum*

科名：姜科

植物小知识

九翅豆蔻株高可达3米，花隐藏在高大的植株下方，难以引人注意。花序近球形，每天会开出一圈花朵，形状奇特，数量众多，每个花序能够持续半个月左右。花瓣白色，最大的一片花瓣，中脉两侧为黄色，基部两侧有红色条纹，十分美丽。开花时会散发一股独特的气味，以吸引昆虫。花谢后结出卵球形的果实，果实成熟时为紫绿色，具有明显的九个棱翅，故而得名“九翅豆蔻”。

九翅豆蔻的花苞

艳山姜的花序

九翅豆蔻的花序

艳山姜的叶

植物小故事

说起“豆蔻”二字，就会想起“豆蔻年华”一词。该词特指女子十三四岁的年纪，如杜牧的诗句“娉娉袅袅十三余，豆蔻梢头二月初”。豆蔻属植物的花从地上抽出，并非开在“梢头”，花期大约在初夏。而山姜属的艳山姜（*Alpinia zerumbet*）正是在二月初吐蕊，含苞待放的花序垂坠于梢头，白色的苞片顶端“点染”粉红色，白里透红，显得纯洁而美好，与诗中的描述非常吻合。

32 闭鞘姜

学名：*Cheilocostus speciosus*

科名：闭鞘姜科

植物小知识

闭鞘姜株高可达 2 ～ 3 米，茎秆顶端分枝通常呈螺旋状生长。冬季叶子会落光，只有茎立在地里，好似老婆婆手里的拐杖，因此被称为“老妈妈拐棍”。闭鞘姜的叶片沿着茎螺旋排列，叶鞘包裹着茎，闭合呈管状，因此得名“闭鞘姜”。花序从茎的顶部抽出，小苞片管状、红色，到了花期，喇叭状的白色小花就会从中探出。开花时，由下往上通常每次同时开两朵白花，所以人们又称之为“白头到老”。

闭鞘姜

闭鞘姜的茎秆

闭鞘姜的花

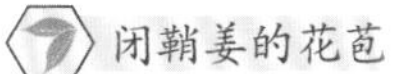

闭鞘姜的花苞

植物小故事

闭鞘姜用途广泛，可用来装点庭院，也可做鲜切花和干花，鲜艳的苞片观赏期可达 15 天，还能药食两用。海南人称其嫩茎为“雷公笋”。其嫩茎外形似笋，据说在雷雨交加的天气里长得更快，因而得名。雷公笋可鲜食、炒食、煮汤和凉拌，更为地道的则是腌制成酸笋食用。需要注意的是，闭鞘姜的地下根茎有毒，不可食用，但可入药，是傣、壮、佤等民族的常用药。

33

宝塔姜

学名：*Costus barbatus*

科名：闭鞘姜科

植物小知识

宝塔姜原产于哥斯达黎加。它的地上茎蜿蜒向上，叶子也围绕着茎干盘旋而上，叶面光滑，叶背密布白色柔毛，有天鹅绒般的触感。顶生花序由红色苞片呈覆瓦状排列而成，初时如一朵红玫瑰，后来似一座红色宝塔，因此得名“宝塔姜”。金黄色的管状花从“宝塔”里伸出来，围绕着花序轴排了一圈，犹如自带的“光环”。尽管小花的寿命只有一天，但是宝塔姜的红色苞片却能数月不败，观赏期相当长。

宝塔姜的果实

宝塔姜的花序

植物小故事

宝塔姜的种名 *barbatus* 源于拉丁文，意思是“带有簇毛的”，指宝塔姜毛茸茸的、柔软的叶背。宝塔姜适应性强，株形优雅，花叶兼美，观赏性佳，可丛植于庭院角落，或用于园林造景。花序也可做切花材料，瓶插时长可达半个月。黄色的管状花可食用，带有柠檬酸味。

流苏兰花蕉

学名：*Orchidantha fimbriata*

科名：兰花蕉科

植物小知识

流苏兰花蕉原产于马来西亚半岛，属名 *Orchidantha* 源于希腊语，意为“像兰花的花”，而种名 *fimbriata* 的意思是“流苏”。其株高约60厘米，叶面鲜绿油亮，四季常青。花序从地下根茎抽出，不足10厘米。花朵外层具有3片暗紫色的花萼，其结构与兰花相似。花朵中还可见先端三裂、皱皱缩缩的白色唇瓣，雄蕊5枚，紫红色的柱头顶端呈流苏状，故名“流苏兰花蕉”。

流苏兰花蕉的花

流苏兰花蕉花的特写

流苏兰花蕉的花苞

植物小故事

兰花蕉属的柱头与其他姜目植物的柱头不同，其结构更为复杂，且两侧对称，这使植物学家感到困惑，导致有许多不同的描述和解释。在流苏兰花蕉紫红色的三瓣式柱头的基部和腹部之间，有一个V形分泌组织——黏盘。当传粉昆虫钻进花朵时，它们的背部便会蹭到黏盘分泌出的黏液，这些黏液又把花粉粘到昆虫的背上。昆虫离开后便将花粉带到另一朵花里，从而完成授粉。

华山姜

学名：*Alpinia oblongifolia*

科名：姜科

植物小知识

华山姜原产于我国广东、广西、海南、湖南、江西、浙江、福建、台湾、四川、云南等地，老挝、越南也有分布。株高约1米，花序着生于枝条的顶端，花朵小巧而精致，仿若轻盈的舞者。它的花瓣洁白且晶莹剔透，唇瓣正中带着两条鲜艳的红色条纹，这是整朵花中最引人注意的部分，唇瓣的边缘有不规则的细小波纹。花朵中细长的雄蕊，如同伸长的天鹅颈一般秀美优雅。华山姜的果实为圆球形，成熟后会变成红色。

华山姜

华山姜的花序

华山姜的花

植物小故事

华山姜的叶鞘纤维可用于制作人造棉。其根状茎可供药用，能温中暖胃，散寒止痛；根状茎和种子还可提取芳香油。华山姜的植株高度适中，花量大，清秀优雅，可用于园林、庭院绿化，亦可盆栽观赏。

华山姜的果实

假益智

学名：*Alpinia maclurei*
科名：姜科

植物小知识

假益智原产广东、广西、海南、云南等地，越南亦有分布。株高约1米，叶、花、果均具有较高的观赏价值。叶色四季常青，姿态轻盈飘逸。花序直立向上，长而有分枝，每个分枝约有3朵小花依次开放，花瓣白色，唇瓣淡黄色，中部有两条红色脉纹，开花时反折。假益智花姿曼妙，犹如裙裾飞扬的舞蹈演员。果实圆润，成熟时为鲜艳的朱红色，如散落在山间的玛瑙。

假益智

假益智的花序和花苞

假益智的果序

假益智的花

植物小故事

益智和假益智虽然都带有“益智”二字，但是两者差别明显。从花序上来看，益智的花序较为紧凑，花朵较大，白色的唇瓣上有粉红色的脉纹；假益智的花序整体比较稀疏，花朵也较小。从果实来看，益智的果为球形且有柔毛，干燥后果皮上有隆起的维管束线条；假益智的果相对较小且光滑无毛，果皮易碎。

37 孔雀肖竹芋

学名：*Goeppertia makoyana*

科名：竹芋科

植物小知识

孔雀肖竹芋原产于巴西，株高约50厘米。叶片为卵形，薄革质，叶面光滑油亮，正面主脉两侧近乎交互排列一长一短墨绿色的羽状斑纹，叶缘为一圈墨绿色斑纹和细条纹。有趣的是，叶面墨绿色的部分对应的叶背为紫红色，而叶面浅绿色的部分对应的叶背则较为通透。孔雀肖竹芋精致的叶片酷似孔雀尾羽，故而得名。叶片基部有一段黄绿色的叶枕，连接着细长的叶柄。其花序从地下根茎抽出，花为白色。

孔雀肖竹芋

正在开花的孔雀肖竹芋

孔雀肖竹芋的叶片

植物小故事

孔雀肖竹芋是一种会“睡觉”的植物。白天，其叶枕由内凹变为外凸，叶片逐渐舒展，以便最大限度地捕捉光线，促进光合作用；晚上，叶枕由外凸变为内凹，叶片逐渐直立合拢，以减少叶片暴露在空气中的面积，降低水分的蒸腾。这种现象属于植物的一种感夜运动现象，是由外界刺激和内部机理共同调节完成的。

孔雀肖竹芋的花序

豹纹竹芋

学名：*Maranta leuconeura*

科名：竹芋科

植物小知识

豹纹竹芋原产于巴西，喜温暖湿润、有明亮散射光的环境。株高可达30厘米，一般用作地被植物。其叶片很醒目，是一种迷人的观叶植物。叶面为清爽的豆绿色，背面灰绿色，中脉两侧几乎对称地排列着一块块“豹纹”。花序成簇高于叶面，白色唇瓣中间有紫罗兰色斑纹。小花似乎是成对长在花梗上，像一只只小蝴蝶翩翩起舞。

豹纹竹芋

豹纹竹芋的花序和叶子

豹纹竹芋的花

豹纹竹芋的叶背

植物小故事

豹纹竹芋和孔雀肖竹芋一样具有感夜运动现象，白天叶子平铺、舒展，晚上则呈直立合拢的姿势，仿佛在做晚间祈祷，因此又被西方人称为prayer plant（意思是“祈祷植物”）。自然界中还有一些植物同样有感夜运动现象，比如含羞草、雨树、合欢树等豆科植物。这种感夜运动与植物自我保护、减少水分蒸腾、提高光合作用的效率有关，对植株的生长发育具有重要作用。

39 圆叶竹芋

学名：*Ischnosiphon rotundifolius*

科名：竹芋科

植物小知识

圆叶竹芋原产于美洲热带地区的热带雨林中，是一种喜湿耐阴的多年生常绿草本。株高 30 ～ 70 厘米，叶片硕大、圆润、翠绿，具有金属光泽，羽状侧脉有 6 ～ 10 对银灰色条纹。整个叶片好似一个青苹果，所以人们形象地称它为“青苹果竹芋”。圆叶竹芋的花序通常从地下根茎抽出，花为白色，与叶子相比，它的花显得十分袖珍。

圆叶竹芋的花

圆叶竹芋盆栽

圆叶竹芋花境

植物小故事

圆叶竹芋具有极高的观赏价值，可在庭园背阴处、林下做地被。圆叶竹芋叶片硕大，植株茂盛，将其栽种在大型花盆中，可用于布置会场、商场等公共场所。若用精致的中小型花盆栽种，则适于居家摆设。这是一种速生植物，生长旺盛期可以很快填满花盆或种植区域。

40 海南假砂仁

学名：*Amomum chinense*

科名：姜科

植物小知识

海南假砂仁株高 1 ～ 1.5 米，叶片长圆形或椭圆形，两面均无毛。叶舌为膜质，紫红色。叶鞘绿色或紫红色，有非常明显的凹陷和方格状网纹。叶舌和叶鞘是它独具特色的特征。花序从地下根茎抽出，直径 3 ～ 5 厘米，有花 20 余朵。花瓣白色，唇瓣中脉具有黄绿色斑纹，两边有紫红色的脉纹。蒴果球形，成熟时紫红色，果皮上具有柔刺，乍一看像熟透的杨梅。

海南假砂仁

海南假砂仁刚抽生的花序

海南假砂仁的花序

海南假砂仁成熟的果实

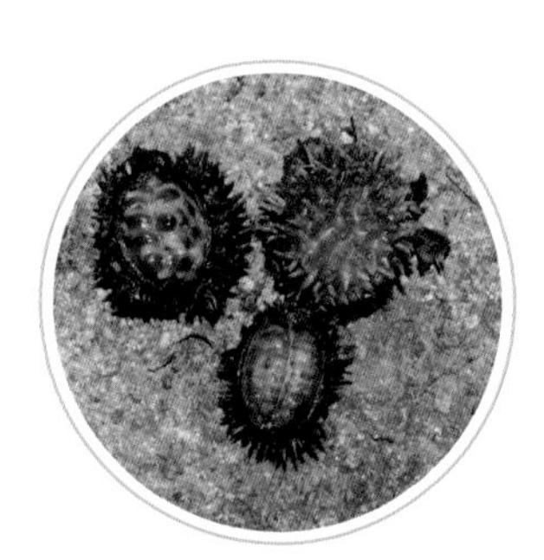

海南假砂仁开裂的果实

植物小故事

海南假砂仁在柬埔寨、老挝、越南均有分布，我国仅海南有分布。其果实在民间亦可做中药砂仁的代用品。由于过度开发，导致生境退化或丧失，在中国高等植物濒危状况评估中被列入我国易危（VU）物种。

41 马来良姜

学名：*Alpinia mutica*

科名：姜科

植物小知识

马来良姜原产于东南亚，是一种多年生草本植物。植株郁郁葱葱，密集成群，叶子光滑无毛，揉搓时会散发出芳香或辛辣的气味，是一种很好的芳香植物。在夏季开出美丽的白花，唇瓣内面为黄色，中间具有醒目的红色斑点和条纹，花期长，可持续至秋季。果实呈圆形，成熟时为引人瞩目的橘红色，种子黑褐色，具有芳香气味。

马来良姜的花

马来良姜的花序

马来良姜的果实

植物小故事

在马来西亚，马来良姜的根茎可药用，常用于治疗胃肠疾病；叶子可以做调味品，还可做茶。马来良姜常用于热带或亚热带园林中中层空间的装饰，形成高 1 米左右的密集簇；或种植于林缘地带，也可盆栽。

42

长节芦竹芋

学名：*Marantochloa leucantha*

科名：竹芋科

植物小知识

长节芦竹芋原产于非洲中部的热带地区，是一种亚灌木状草本植物，株高可达 2.5 米。茎秆上有明显膨大的节，还有较多的分枝，枝条细软。叶片通常不对称，正面绿色，背面灰绿色，背面的右侧边缘通常会有一条紫色条纹。花序稀疏，长达 30 厘米，常呈下垂状态。花朵较小，仅 1 厘米左右，花瓣黄绿色，瓣化的雄蕊为白色。果实初为绿色，后转为乳白色或红色，圆润、有光泽，垂挂在植株上，仿佛一串串宝石。

长节芦竹芋

长节芦竹芋的叶

长节芦竹芋的花

植物小故事

由于植物药用功能的有效性、获得途径的简便以及成本低等特点，用植物来治病或制药正呈现出一种增长的趋势。根据世界卫生组织估计，85%的传统药物应用了药用植物的提取物，尤其是在非洲和亚洲。长节芦竹芋就是一种常用的非洲传统药物，民间常用于镇静、止痛、解毒等。

长节芦竹芋的果实

43

红球姜

学名：*Zingiber zerumbet*

科名：姜科

植物小知识

红球姜原产于我国广东、广西、云南、台湾等地，广布于亚洲热带地区。叶面光滑，叶背有毛。花序从地面长出来，苞片层层叠叠呈覆瓦状，排列成卵球形，初期为淡绿色，开花后慢慢变为红色，因而得名“红球姜”。它的花很小，着生于苞片间隙，呈淡黄色。白纹红球姜（*Zingiber* 'Striped Shampoo'），叶片上有明显的黄白色斑纹，别具特色，极富观赏性。

红球姜

刚从地面长出来的红球姜花序

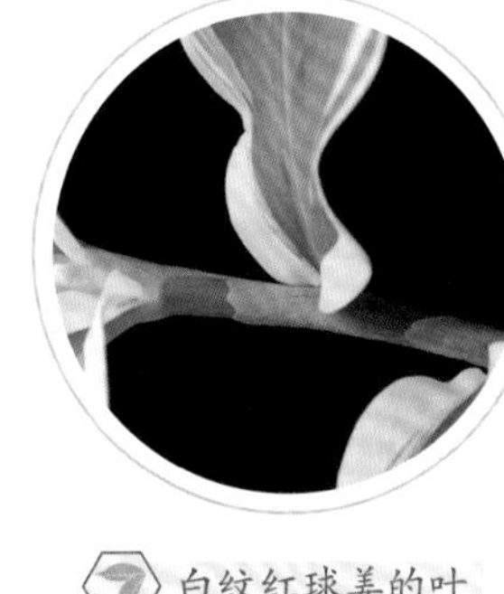

白纹红球姜的叶

白纹红球姜的花

变红后的白纹红球姜花序

植物小故事

红球姜的苞片间隙贮藏黏液，黏液可用作洗发水。太平洋海岛上的古代夏威夷人就常用它来清洗头发，因而红球姜又被当地人叫做香波姜（shampoo ginger）。在夏威夷，姜目植物中的红球姜、姜黄、大蕉被称为 canoe plants（意思是“独木舟植物”），因为这些植物是由古代的波利尼西亚人用独木舟带到夏威夷岛的。

44

海南三七

学名：*Kaempferia rotunda*

科名：姜科

植物小知识

海南三七高约40厘米，叶片浓密、碧绿，极具观赏性。叶片中脉两侧整齐排列着深绿色的斑纹。它是典型的先花后叶植物。每年春夏之交，在茎、叶抽生之前，紫白相间的花朵就会从地里冒出来，那艳丽的紫色唇瓣，其实是它瓣化的雄蕊。花朵的旁边无茎无叶，成片种植时十分奇特美丽。年末时，假茎和叶片陆续枯萎凋落，植株进入冬眠状态。

海南三七

海南三七的花

海南三七的叶

开花展叶的海南三七

植物小故事

植物一般会通过花色、气味等信号来提示传粉昆虫："这里有花蜜，快来呀！"但海南三七是个"骗子"，尽管它的花有细长的线形蜜腺，却并不分泌花蜜。为了让昆虫来为它授粉，它的雄蕊长得像花瓣一样，并呈现迷人的淡紫色。昆虫被吸引而来，转了半天却找不到一丝花蜜，最后带着一身花粉失望离去。当它飞到另一朵花上时，不知不觉地就为它传了粉。这种传粉方式被称为食源性欺骗传粉模式。

45

山　柰

学名：*Kaempferia galanga*

科名：姜科

植物小知识

山柰是低矮的多年生草本植物，地下具有芳香的肉质块状根茎。山柰的叶片通常贴近地面生长，与其他高大的姜目植物相比，山柰比较不显眼。山柰的花 4 ～ 12 朵，顶生，通常一次只开放 1 朵，半藏于叶片中，很不显眼。山柰的花瓣是线条形的，白色，有香味。最引人注目的是唇瓣，也是白色的，基部具有紫色斑纹。

条纹山柰

镀银山柰　　桑迪山柰　　银纹柳叶山柰

植物小故事

山柰的根茎可入药，有健胃的功效，亦可做调味香料。从山柰的根茎中提取出来的精油，可作为调香的原料，定香力强。山柰属叶片上通常有美丽的花纹，花形奇特，是良好的观叶观花植物。姜目植物区还栽种有镀银山柰（*Kaempferia* 'Hieroglyphics'）、桑迪山柰（*Kaempferia* 'Sandi'）、银纹柳叶山柰（*Kaempferia* 'Silver Lance'）、白纹姜（*Kaempferia gilbertii*）等等。

46

土田七

学名：*Stahlianthus involucratus*

科名：姜科

植物小知识

土田七原产我国云南、广西、广东、福建等地，印度、斯里兰卡、缅甸和泰国亦有分布，为多年生草本植物，高 20 ～ 35 厘米。叶片浓密翠绿，花聚生于钟状的总苞中，通常每次只开一朵花。花为白色，它的花瓣其实是退化雄蕊，唇瓣中部有杏黄色斑块，内有长柔毛。土田七喜欢温暖潮湿的环境，深秋时叶子开始发黄，冬天叶子枯萎，植株进入休眠状态，来年春天再破土发芽。

土田七的花

土田七的花序

破土而出的土田七

植物小故事

如果你以为土田七就是田七，那就大错特错了。尽管两者只有一字之差，却相差甚远。土田七是姜科土田七属植物，其根状茎具有浓郁的辛香味，入药，具有散瘀消肿、活血止血、行气止痛的功效。而田七是传统中药材三七的地方名，三七（*Panax notoginseng*）为五加科人参属植物，以干燥根和根茎入药，具有散瘀止血、消肿止痛的功效。土田七与田七，是完全不一样的两种植物。

47 黑果山姜

学名：*Alpinia nigra*

科名：姜科

植物小知识

黑果山姜原产于云南南部，是一种生长于密林阴湿处的多年生草本植物，在印度和斯里兰卡也有分布。黑果山姜株高 1.5 ～ 3 米，叶披针形，光滑无毛。花序顶生，花序轴生长方向不规则，花萼裂片通常枯黄，花瓣呈白绿色。而最显眼的是它粉红色的、花瓣一样的雄蕊。黑果山姜的果实未成熟时为绿色，成熟后变成独具特色的黑色，因而得名。

黑果山姜

黑果山姜的花

黑果山姜的花序和幼果

黑果山姜的成熟果实

植物小故事

黑果山姜株型飘逸，花色美丽，可作为水生植物种植于庭园水边。在印度和泰国，当地人会把黑果山姜的嫩芽和根茎作为蔬菜食用。黑果山姜还是民间常用的药用植物。中医认为，黑果山姜性平，味辛、甘，具有行气消滞、解毒消肿的功效。

48

金嘴蝎尾蕉

学名：*Heliconia rostrata*

科名：蝎尾蕉科

植物小知识

金嘴蝎尾蕉的种名*rostrata*，意思是“带有喙的”。喙即鸟的嘴巴。它的花序轴稍呈“之”字形弯曲，苞片红色，边缘带金黄色，小花像极了鹦鹉的喙。苞片相互紧密排列成串，从上至下依次开放，内含数朵金色小花。小花或隐藏在苞片中，或花瓣翘起，半露在苞片外，整体酷似蝎尾。一串串向下垂吊的花序又似五彩缤纷的鞭炮，热闹而喜庆。

金嘴蝎尾蕉的花序

矮牙买加蝎尾蕉

黄蝎尾蕉

阿伦卡蝎尾蕉

植物小故事

蝎尾蕉科只有蝎尾蕉属 1 个属，约 200 种，主要产于热带美洲和美拉尼西亚，中国无分布。20 世纪 80 年代初，我国多家植物科研机构包括厦门市园林植物园对其进行引种栽培，同时以华南国家植物园为首，建成了当时全国第一家蝎尾蕉属专类园。

姜目植物区栽种了多种蝎尾蕉属植物，如矮牙买加蝎尾蕉（*Heliconia* 'Dwarf Jamaican'）、黄蝎尾蕉（*Heliconia subulata*）、阿伦卡蝎尾蕉（*Heliconia* 'Alan Carle'）等等。

49

蕉　芋

学名：*Canna indica* 'Edulis'

科名：美人蕉科

植物小知识

蕉芋又名姜芋、食用美人蕉等，原产于西印度群岛和南美洲的安第斯山脉，为多年生草本植物，丛生状，株高可达2～3米。其叶片为宽大的圆形，有羽状的平行脉，叶脉和叶片边缘是明显的紫红色。蕉芋的花高高地生长在植株的顶端，最红艳迷人的不是它的花瓣，而是花瓣化的雄蕊，真正的花瓣是杏黄色的那部分。果实为绿色，表面密被小犹状突起。

蕉芋

蕉芋的花

蕉芋的果实

植物小故事

蕉芋的品种名 Edulis，意思是“可食用的”。蕉芋的地下块茎淀粉含量高达 75%，可直接水煮或烘烤食用，也可制取淀粉，再加工成凉粉、粉丝、粉条等。蕉芋淀粉不仅好吃，还有清热解毒、健脾胃的功效。蕉芋于 20 世纪 50 年代传入我国，如今已成为我国西南地区的重要特产之一。

蕉芋的叶片

50

阿希蕉

学名：*Musa rubra*

科名：芭蕉科

植物小知识

阿希蕉主要分布于泰国、缅甸、孟加拉国、印度阿萨姆邦等。阿希蕉与紫苞芭蕉、朝天蕉一样，花序直立向上。它的花序非常鲜艳，由金黄色的小花和橙红色的苞片组成，在厦门地区可露天栽培，冬天除外，春、夏、秋几乎开花不断。不同于其他大部分的芭蕉属植物，阿希蕉并不会老老实实地待在一个地方，它的地下根茎时常会“四处游走”，在其他地方冒出新芽，尤其是在生长旺盛时期。

阿希蕉

阿希蕉的雄花

阿希蕉的雌花

阿希蕉的花序和果

植物小故事

阿希蕉的完整学名是 *Musa rubra* Wall. ex Kurz，*Musa* 表示属名，即芭蕉属；*rubra* 表示种名；Wall. ex Kurz 则是该物种命名人的名字或名字缩写。最早对阿希蕉进行描述的是德国植物学家库尔兹(W. S. Kurz),但达尔文的朋友、英国植物学家胡克(J. D. Hooker ）认为，多年前在印度加尔各答植物园工作的丹麦博物学家沃里奇（ N. Wallich ）也曾以同样的名字命名，他才是该物种的第一命名人。后来，阿希蕉的命名人就写作 Wall. ex Kurz，意指 N. Wallich 命名在前，W. S. Kurz 发表在后。